Friedrich Flachsbart

# Raum - Bewegung

Der Raum lebt, es ist der Riemannsche Raum die Wahrheit, die "Geistmasse" (Riemann)

Friedrich Flachsbart

# Raum - Bewegung

**Der Raum lebt, es ist der Riemannsche Raum die Wahrheit, die "Geistmasse" (Riemann)**

GRIN Verlag

Bibliografische Information der Deutschen Nationalbibliothek: Die Deutsche Bibliothek verzeichnet diese Publikation in der Deutschen Nationalbibliografie; detaillierte bibliografische Daten sind im Internet über http://dnb.d-nb.de/ abrufbar.

1. Auflage 1971
Copyright © 1971 GRIN Verlag
http://www.grin.com/
Druck und Bindung: Books on Demand GmbH, Norderstedt Germany
ISBN 978-3-640-80980-6

Raum – Bewegung.

Physik-Jahresarbeit
17. Januar 1971
Max-Planck-Gymnasium Göttingen

Friedrich Flachsbart


# Inhalt

# 1. Einleitung

Die Newtonsche Mechanik geht von der Setzung des absoluten Raums und der absoluten Zeit aus:
„Der absolute Raum bleibt vermöge seiner Natur und ohne Beziehung auf einen äußeren Gegenstand stets gleich und unbeweglich. ..
Die absolute, wahre und mathematische Zeit verfließt an sich und vermöge ihrer Natur gleichförmig und ohne Beziehung auf irgendeinen äußeren Gegenstand.“[1]

Im folgenden will ich die Relevanz dieser Sätze für die klassische Mechanik und die moderne Physik untersuchen und mit einer kurzen Prüfung der Ergebnisse unter Bezugnahme auf die Sprachphilosophie B. L. Whorf's abschließen.

---

[1] W. R. Fuchs: Knauers Buch der modernen Physik. S. 190
Droemer Knauer, München, 1965

# 2. Bewegungsabläufe im System der klassischen Mechanik

## 2.1. Die Bahnkurve in verschiedenen Bezugssystemen

Ist die Bahn eines Körpers als Linie fest gegeben?

Um diese Frage zu beantworten, will ich folgende Fälle betrachten:

Unter Vernachlässigung des Luftwiderstandes fällt ein Körper K aus einem Wagen, der sich mit konstanter Geschwindigkeit v bewegt, für den Beobachter B1 im Wagen senkrecht zur Erde, für B2, der sich auf der Erde in Ruhe befindet, parabelförmig.

Eine Parabel ist es für B2 deshalb, weil der Körper K erstens die waagerechte, gleichförmige Bewegung infolge der Trägheit beibehält und zweitens durch die Erdanziehungskraft senkrecht zum Boden gezogen wird. Durch Vektoraddition ergibt sich die Bahnkurve:

In der Zeit t legt der Körper K

1. den Weg x zurück $\qquad x = v*t \qquad\qquad (1)$

2. auf Grund der Erdbeschleunigung g ausserdem mit $g = d^2*y/d*t^2$ den Weg y

$$y = -g*t^2/2 \qquad (2).$$

Die Funktion der Bahnkurve y lautet, wegen $t = x/v$,

$$y = - g*x^2/2v^2 \qquad (3).$$

Die Funktion $y = a*x^2$ beschreibt eine Parabel.

Auf einem sich mit 78 Umdrehungen pro Minute = 1,3 Herz durch die Verbindung mit einem Plattenteller sich drehenden Papierblatt wird von einem Mittelpunkt M eine Linie parallel zu einem Lineal, das sich in Ruhe befindet, mit der Geschwindigkeit v = 8 cm/sec gezogen. Der Filzstift beschreibt also vom Beobachter B2 (auf der Erde) gesehen, eine gerade Linie, vom Beobachter B1 (auf dem sich drehenden Blatt) dagegen folgende eigenartige Kurve, deren Zustandekommen ich später erklären werde.

Wie klar gezeigt wurde, hängt der Bewegungsverlauf vom Standpunkt des Beobachters ab.

## 2.2. *Kräfte in sich drehenden Systemen*

### 2.2.1. Radial- und Fliehkraft.

Der Massepunkt A bewegt sich mit einer konstanten Geschwindigkeit v auf einem Kreis um M mit dem Radius r.
Während A von A1 um delta phi nach A2 weiterläuft, ändert sich die Richtung des Geschwindigkeitsvektors von v1 in die Richtung v2, während die Beträge v1 und v2 gleichbleiben.
A erhält als Massepunkt also die Radialbeschleunigung br auf den Mittelpunkt M.
Die Bahngeschwindigkeit v ist

$$v = dphi * r / dt \qquad (4);$$

mit der Winkelgeschwindigkeit w
$$w = dphi/dt \qquad (4a)$$
ist dann
$$v = 2pir/t \qquad (5).$$

Die Radialbeschleunigung br ist:
$$br = dv/dt.$$
Da für sehr kleine phi gilt phi ~ sin phi, ist
$$dv = v*dphi$$
und daraus folgt:
$$br = v*dphi/dt \qquad (6).$$

Aus (4), (4a) und (6) folgt:
$$br = v*w$$
$$br = v^2/r$$
$$br = omega^2*r \qquad (7).$$

Auf den Massenpunkt A wirkt also eine der Radialbeschleunigung gleichgerichtete Kraft
$$K = m*br.$$
Da die Radialbeschleunigung br dem Radiusvektor R entgegengesetzt wirksam ist, ergibt sich mit (7) für die Radialkraft
$$Kr = -m*r*omega^2 \qquad (8).$$
Der Radialkraft Kr ist im rotierenden System, also für den Beobachter B1 entgegengesetzt gleich die nach aussen wirkende Fliehkraft Kf
$$Kf = m*r*omega^2 \qquad (9).$$
Nach dem d'Alembertschen Prinzip
$$K - m*b = O \qquad (10)$$
lässt sich das Bewegungsproblem auf ein Gleichgewichtsproblem zurückführen. Dabei fasst man (-m*b) als Trägheitskraft auf. Sie hält nach (10) der „wirklichen", äußeren Kraft K das Gleichgewicht. Da die Trägheitskraft aber nur am beschleunigten Körper, also nur für den bewegten Beobachter B1 vorhanden ist, kann sie nicht an seiner Beschleunigung mitwirken. Die Fliehkraft ist also für den Beobachter B2 nicht vorhanden. Man bezeichnet sie als Scheinkraft.

## 2.2.2. Corioliskraft.

Wir wollen noch eine weitere Scheinkraft, die im rotierenden System wirksam ist, untersuchen:
Diesmal dreht sich das System S mit der Winkelgeschwindigkeit w entgegen der Uhrzeigerrichtung. Ein Körper K bewegt sich im System ohne Reibungsverlust vom Mittelpunkt M aus auf einer Geraden (von B2 auf der Erde gesehen) nach aussen mit der konstanten Geschwindigkeit v.
Wir betrachten den Körper K, der sich auf der Strecke PA bewegt.
Für Winkelgeschwindigkeit w = O ist
$$PA = R\text{-rho},$$
also ist die Zeit, die K benötigt
$$\text{delta t} = R\text{-rho}/v \qquad (11).$$
Für omega größer 0 wirken auf den Körper K vom Beobachter B1 im rotierenden System aus gesehen zwei Geschwindigkeiten, v und v, und K erreicht den Punkt C statt B, wobei seine Bahn der Parabel des ersten Experimentes ähnelt.

Die Strecke AC ist
$$AC = v'*\text{delta t}.$$
Aus (4) und (4a) folgt:
$$AC = \text{omega}*\text{rho}*\text{delta t} \qquad (12).$$
Die Strecke BC ist
$$BC = AB - AC$$
$$BC = R*\text{phi-}AC$$
$$BC = R*\text{omega}*\text{delta t} - \text{rho}*\text{omega}*\text{delta t}$$
$$BC = (R\text{-rho})\text{omega}*\text{delta t}.$$
Ich erweitere mit v und setze (11) ein:
$$BC = (R\text{-rho}/v)*v*\text{omega}*\text{delta t}$$
$$BC = v*\text{omega}*\text{delta } t^2 \qquad (13).$$
Da der Körper K statt B nur C erreicht hat, wirkt auf ihn Kraft, so postuliert der Beobachter B1:
Wegen
$$bc = d^2*BC/dt^2$$
ist
$$BC = bc*\text{delta } t^2/2.$$

Die Coriolisbeschleunigung bc ist also nach (13):
$$Bc = 2*v*\text{omega} \qquad (14).$$
Die Corioliskraft Kc ist
$$Kc = m*bc$$
$$Kc = 2*m*v*\text{omega} \qquad (15).$$
Gleichung (14) gilt allerdings nur, wenn der Winkel alpha zwischen v und v  alpha = 90 Grad ist. Ist alpha ungleich 90 Grad, so folgt:
$$bc = 2*v*\text{omega}*\sin \text{alpha} \qquad (16)$$
$$Kc = 2*m*v*\text{omega}*\sin \text{alpha} \qquad (17),$$
wobei der Spezialfall alpha = 90 Grad enthalten ist, denn sin 90 Grad = 1!
Da der Winkel alpha von dem Verhältnis v/omega abhängig ist, (wenn v klein und omega gross ist, kann das System mehrere Drehungen durchführen, was bedeutet, dass der Winkel alpha mehrere Male von 90 Grad auf  0 Grad auf 90 Grad gehen kann), ist auch die Coriolisbeschleunigung vom Winkel alpha und dem Verhältnis v/omega abhängig, was wir an dem Versuch mit dem Plattenspieler sehen können:
Die Filzstiftspitze führt, vom Beobachter B1 auf der rotierenden Platte gesehen, zwei Bewegungen durch und legt, bildlich gesprochen, zwei Strecken zurück: x und y.
Druch Vektoraddition erhalten wir:

$$y = -bc/2v^2 * x^2$$
$$y = -\ 2*omega*v*sin\ alpha\ /\ 2\ v^2\ *\ x^2$$
$$y = -\ omega/v\ *\ sin\ alpha\ *\ x^2\ (18).$$

Dies also ist die Funktion der Bahnkurven auf dem Plattenspieler;
Scheinbar ist sie auch eine Parabel.
Sie wurde aber durch eine weitere Variable, nämlich sin alpha, verzerrt und ist so sehr verschieden von dem Bild einer Normalparabel. Durch die Drehung wird die Kurve nach „hinten weggezogen" glaubt man als Beobachter B1 sagen zu können, währen der ruhende Beobachter B2 nur einen geraden Verlauf der Bewegung feststellen kann.


### 2.3.  *Die Erde als Bezugssystem*

Den Satz von der geradlinigen, gleichförmigen Bewegung, den ja das grundlegende Axiom Newtons $\qquad$ K = m*b
als Sonderfall enthält (für b = 0) können wir anscheinend nur dann anwenden, wenn sich ein in „absoluter Ruhe" befindliches Bezugssystem findet, und weiterhin auch die Messbarkeit von Räumen und Zeiten gegeben ist.
Ist die Erde ein solches Bezugssystem?
(Was ich bisher ja stillschweigend vorausgesetzt habe: „B2 auf der Erde in Ruhe befindlich"!)
Wohl kaum, denn unser Planet rotiert mit der Winkelgeschwindigkeit omega = 2 pi/8614 um die eigene Achse, wie es zum Beispiel mit dem Pendelversuch von Foucault zu beweisen ist.


### 2.3.1. Das Foucaultsche Pendel.

Ein Pendel, das am Ort P der Erde aufgebaut wurde un einen möglichst schweren Pendelkörper und einen langen Aufhängedraht hat, sollte bei vorsichtiger Auslösung der Schwingungen wegen der Trägheit sich nur in einer zweidimensionalen Ebene bewegen.
Der Beobachter B1 auf der Erde stellt aber fest, dass sich die Schwingungsebene in der Zeit T einmal um die Achse dreht und postuliert die Corioliskraft Kc = bc*m, die folgendermassen wirkt:
In der Zeit delta t verschiebt sich das Pendel in seiner Ebene um den Weg
$$\text{Delta } s = v * delta\ t \quad (19)$$
(auf der nördlichen Erdhälfte nach rechts),
senkrecht zu ihr wegen der Coriolisbeschleunigung bc um
$$delta\ s' = bc * delta\ t^2/2,$$
aus Gleichung (16) folgt also $\qquad$ delta s' = v*omega*sin phi*delta $t^2$ (20)
$$delta\ gamma = delta\ s'/delta\ s \quad (21).$$
$$delta\ gamma = v*omega*sin\ phi * dt^2$$
$$delta\ gamma = omega * sin\ phi * dt\ (22).$$
Die Winkelgeschwindigkeit omega', mit der sich die Pendelebene dreht, ist also
$$d\ gamma/dt = omega*sin\ phi$$
$$omega' = omega * sin\ phi \qquad (23).$$
Für senkrecht auf der Erdoberläche vor sich gehende Bewegungsabläufe ist die volle Winkelgeschwindigkeit der Erde als nur am Nordpol wirksa, da wir bei der Erde den Winkel phi dem Breitengrad gleichsetzen können.
Die linksgerichtete Winkelgeschwindigkeit omega zerfällt in zwei Komponenenten, deren eine, die Azimutalkomponente $\qquad$ omega a = omega * sin phi

Für die Drehung der Pendelebene verantwortlich ist, die in der Zeit T = 8614/sin phi sec 360 Grad beträgt.
Der Foucaultsche Pendelversuch zeigt,
wie die (im folgenden nur auf die nördliche Halbkugel bezogene) Ostablenkung von schnellen Geschossen, die Rechtsdrehung von Zyklonen und die Ablenkung der Passate, die stärkere Erosion von Flussufern auf der rechten Seite bei meridial verlaufenden Strömen und andere Phänomene,
dass die Corioliskraft auf der Erde wirksam ist, und dass diese als Bezugssystem nur bedingt zu gebrauchen ist!


## 2.4. Inertialsysteme

So beschloss man, weil die Erde nicht den Anforderungen genügte, ein Bezugssystem, das an Sonne und Fixsternen orientiert ist, zu schaffen.
Dies ist ein Inertialsystem (inertia – Trägheit), in dem das Trägheitsgesetz richtig ist, zumindest mit grosser Annäherung.
Weiterhin setzte man mit dem Postulat des Inertialsystems fest, dass in allen Systemen, die sich dazu geradlinig und gleichförmig bewegen, notwendigerweise keine Trägheitskräfte, wie z. B. die Corioliskraft, auftauchen.
Mit Hilfe dieser Mechanik können wir also auf Grund der Gleichberechtigung der Inertialsysteme keine „absolute Ruhe" von einer „absoluten Bewegung", d. h. geradlinig-gleichförmigen, unterscheiden (b = 0);
wohl aber letztere von einer beschleunigten Bewegung.

Um es noch einmal zu sagen:

Das Newtonsche Axiom k = m*b gilt für alle Inertialsysteme, weil b bei gleichförmig gegeneinander bewegten Systemen gleich gross bleibt.

Die Geschwindigkeiten sind natürlich verschieden, und zwar nach der Galileitransformation, die t = t' setzt, also die Möglichkeit von Gleichzeitigkeit postuliert. Ich will das kurz an einem Spezialfall zeigen:

Wir betrachten zwei Inertialsysteme, S und S', wobei S ruht und S' sich mit v const. Bewegt, mit y = y'; z = z' und zusammenfallenden x bzw. x' Achsen:

Im Augenblick t1 = = liegt 0' auf 0, nach der Zeit t hat 0' im System S die Strecke
$$xs = v*t$$
zurückgelegt. Der Punkt P hat
$$xp = xs + x';$$
es gilt also:
$$x = x' + v*t \qquad (24)$$
$$x' = x - v*t \qquad (25).$$

Da auch S' als ruhend und S als sich mit v' = -v entfernend angesehen werden kann, ist die Geschwindigkeit u des Punktes P in Relation zu S, wenn P mit positivem u' gegen S' sich bewegt:
$$u = u' + v \qquad (26)$$
$$U = u - v \qquad (27).$$
Die Geschwindigkeiten eines Punktes auf zwei Inertialsysteme bezogen, unterschieden sich um die Relativgeschwindigkeit der beiden Systeme!
(Ein Beispiel bildet der aus dem Wagen fallende Stein!)

# 3. Lorentz-Transformation.

Unter Einbeziehung der Ergebnisse der Elektrodynamik und Optik, die Maxwellgleichungen bleiben in Inertialsystemen unverändert, wurde das Relativitätsprinzip formuliert:

In Bezugssystemen, welche gegeneinander gleichförmig und geradlinig bewegt sind, besitzen die physikalischen Naturgesetze die gleiche Form.

Aus diesem Prinzip folgt auch die Konstanz der Lichtgeschwindigkeit c in allen Bezugssystemen, was experimentell zum Beispiel durch den Dopplereffekt bei Doppelsternen (Rotverschiebung)[2] gezeigt werden kann.

Das allerdings widerspricht der Galileitransformation
$$t = t'; \quad x = x' + vt.$$

Sie wurde durch Lorentz transzendiert:
Die Voraussetzungen scheinen ähnlich:
Es liegen zwei Inertialsysteme S und S' vor, wobei S ruht und S' sich mit v const bewegt, mit
$$y = y'; \quad z = z' \text{ und zusammenfallenden } x \text{ bzw. } x' \text{ Achsen.}$$

Eine weitere Bedingung kommt hinzu:
Wenn die Geschwindigkeit eines Punktes P im System S gleich der Lichtgeschwindigkeit ist, so muß sie auch in S' gleich c sein:
$$u = c = u' = c. \qquad (28)$$

Für $0 = 0'$ sei $t = t' = 0$ und ein Lichtstrahl werde von O längs der x-Achse gesandt.
Erreicht dieser den Punkt P, der die Abzissen x und x' hat, so ist für den sich im System S befindlichen Uhrenableser Ua die Zeit t verlaufen, für den Zeitstoppper Ua' in S' die Zeit t'.
Es gilt also
für Ua
$$c * t = x$$
$$(29)$$
für Ua'    $$c * t' = x' \qquad .$$

Wegen (28) und weil
$$x \text{ ungleich } x',$$
ist    $$t \text{ ungleich } t'! \qquad (29a).$$

Gleichzeitig ist für die Beobachter jede Strecke des anderen Systems um den Faktor K verzerrt:
$$kx = x' + vt' \qquad (30)$$
$$kx' = x - vt \qquad (31).$$

Aus (29), (30) und (31) folgt:
$$k^2x' = xx' - vxx'/c + vxx'/c - v^2xx'/c^2$$
$$k^2xx' = xx'\,(1 - v^2/c^2)$$
$$k = \text{Wurzel aus } 1 - v^2/c^2 \qquad (32).$$

---

[2] W. Gerlach: Fischer Lexikon Physik. S. 292
Fischer, Frankfurt am Main, 1960

Durch Einsetzen erhalte ich die Zeiten t und t':
Aus (29) folgt
$$t = x/c;$$
Aus (30) folgt weiterhin:
$$t = 1/k \, (x' + vt'/c);$$
Aus (29) folgt, das x' = ct'
$$t = 1/k \, (t' + x' * v/c^2) \qquad (33).$$
Analog dazu ist
$$t' = 1/k(t - x * v/c^2) \qquad (34).$$

## 3.1 Veränderung von Raum und Zeit.

Was hier mathematisch abgeleitet wurde, hat Einstein in seiner speziellen Relativitätstheorie zu einem physikalischen System ausgebaut, in dem

### 1. der Absolutheitsanspruch des Raumes aufgehoben wurde.

Nach Gleichung (30) erfährt eine Strecke eine Kontraktion im Verhältnis
$$k = \text{Wurzel } 1 - v^2/c^2.$$
Ebenso werden auch damit zusammenhängedne Grössen wie Dichte, Ladung, Masse verändert.

### 2. die „absolute" Zeit zerstört wurde, da die bewegte Uhr „langsamer" (siehe Gl. (34) ) als die ruhende läuft (Zeitdilation).

### 3. der Begriff der Gleichzeitigkeit unmöglich wurde (siehe Gl. 29 a).

### 4. Die Abhängigkeit dieser Grössen vom Standpunkt des Beobachters gezeigt wurde, die gleichberechtig sind.

# 4. Die Begriffe Raum und Zeit im Lichte der Sprachphilosophie

Dieses Bild der Realität ist dem „gesunden Menschenverstand" nicht einsichtig, die Mechanik Newtons mit ihren absoluten Zeit-, Raum- und Materiebegriffen ist unmittelbar, „anschaulich", „natürlich", „jedem erfahrbar".
Sind diese Formeln, die die klassische Mechanik als Spezialfall (v viel kleiner als c) enthalten, also ein Beweis dafür, dass die Erfahrung, Anschauung bei allen Menschen nicht ausreicht, die Realität zu erfassen?

Wohl kaum, denn vieles spricht dafür, dass dieser strenge Dualismus Raum – Zeit (wie auch z. B. Form – Materie, Geist – Natur, sarx – pneuma) nicht aus der „Erfahrung" stammt, sondern ein „[3]Derivat aus Kultur und Sprache" ist.
Das heißt, durch die spezifisch westeuropäischen Sprachstrukturen, wobei besonders die Zweiteilung der Substantive von Bedeutung ist:
(Speziell auf einen Gegenstand bezogen wie: Tisch, Baum, Hund
Form und formlose Substanz wie: ein Glas Wasser, ein Augenblick Zeit)
Und die Verdinglichung der Zeit.
Diese Verdinglichung erlaubt es „Zeiteinheiten" in der Einbildung in eine Reihe zu stellen.[4]

Erst diese Zeitauffassung erlaubte den alten physikalischen Begriff Zeit.

(Eine interessante Parallele ist darin zu sehen, dass auch Newton eine Dichotomie aufhob:
„Die blosse Verwendung von „Himmelskörper" und „irdischer Körper" bedeutete eine Zweiteilung, Zerschneidung der Natur in zwei grundsätzlich verschiedene Regionen. Newtons grosse Idee bestand darin, sich von dieser Zweiteilung freizumachen, zu behaupten, dass es keinen grundsätzlichen Unterschied gibt."[5])

Die der klassischen Physik zugrundegelegten Begriffe der Zeit und des Raumes sind aber keineswegs für alle Sprachen und Kulturen, also für alle Menschen, bindend gewesen.
So ist zum Beispiel auf dem nordamerikanischen Kontinent, der mehrere Jahrtausende unabhängiger Entwicklung durchmachen konnte, die Sprache der Hopi-Indianer zu finden, die von B. L. Whorf genau untersucht wurde.
Mit Hilfe ihrer Sprache gliederten die Hopi das Universum ganz anders:
„In der Perspektivie der Hopi verschwindet die Zeit und der Raum ist verändert.
Er ist nicht der homogene, zeitlose Raum unserer angeblichen Anschauung oder der klassischen Mechanik Newtons".[6]
Denn „gerade so, wie beliebig viele nichteuklidische Geometrien möglich sind, die alle gleichermassen vollkommene Darstellungen der räumlichen Konfigurationen geben so sind auch gleichwertige Beschreibungen des Universums möglich, die nicht unsere vertraute Trennung von Raum und Zeit enthalten. Eine derartige Weltanschauung ist die Relativitätstheorie der Physik. („Die Welt ist ein vierdimensionales raumzeitliches

---

[3] B. L. Whorf: Sprachen, Denken, Wirklichkeit. S. 94
Rowohlts Enzyklopädie, Reinbek bei Hamburg, 1963
[4] B. L. Whorf, a. a. O., S. 83
[5] R. Carnap: Einführung in die Philosophie der Naturwissenschaften. S. 245
Nymphenburger, München, 1969
[6] B. L. Whorf, a. a. O., S. 103

Kontinuum."[7]) Eine zweite und andersartige, von sprachlichem und nichtmathematischen Charakter ist die Weltanschauung der Hopis", deren „Sprache durchaus fähig ist, alle beobachtbaren Phänomene des Universums in einem pragmatischen oder operativen Sinn gerecht zu werden und sie korrekt zu beschreiben."[8]

<hr>

[7] W. Gerlach, a. a. O., S. 215
[8] B. L. Whorf. a. a. O., S. 102